ART 国家示范性高等职业院校
艺术设计专业精品教材

高职高专艺术设计类"十二五"规划教材

人物形象设计
——发型篇

RENWU
XINGXIANG SHEJI
——FAXINGPIAN

主　编	孙　甜		
副主编	王　琳	李涛言	
参　编	于泓淼	杨　乐	盛　阳
	周　宇	李飞燕	赵永军
	朱　琴	王　佳	税明丽
	白敬艳	董　雪	刘雪花
	曹云亮	杨金娥	姜淑媛

华中科技大学出版社
http://www.hustp.com
中国·武汉

主 编 简 介

孙甜，女，1980年1月出生，籍贯辽宁丹东。2003年毕业于大连轻工业学院服装设计与工程专业，获学士学位，同年考入天津工业大学攻读设计艺术学，并于2006年取得硕士学位。2006年3月研究生毕业后进入天津职业大学工作，担任服装设计专业教师。2009年进入北京毛戈平形象艺术学校进修化妆、发型技术，次年完成色彩四季理论的学习。天津职业大学设立人物形象设计专业后，担任该专业教研室主任一职。2010年成为国际职业化妆师协会理事。

主要著作与获奖如下：《论民族符号在民族风格服装设计中的应用》和《高职产品设计专业服务区域自行车企业发展的研究与实践》发表于《天津工业大学学报》，《E时代服装品牌的形象化》发表于《江苏丝绸》，《浅析"平衡"在艺术设计中的重要性》发表于《西北民族大学学报》，《论图卢兹劳特雷克画风的形成》发表于《艺术与设计》；2008获得天津市第9届青年教师基本功竞赛文科组二等奖。

内 容 简 介

本书包括情境实际操作版块——范本发型12例和专业知识词库对照版块两大部分内容。本书是人物形象设计系列教材之一，主要着眼于发型设计，将最基本的发型设计与技巧按照其关联程度设置在不同的项目训练中。每个项目训练都为大家呈现出时下最为实用的发型造型。本书可以作为相关专业学生的专业教材，也可以作为指导大众设计发型的参考书。

图书在版编目(CIP)数据

人物形象设计——发型篇/孙甜　主编.—武汉：华中科技大学出版社，2011.8(2022.3重印)
ISBN 978-7-5609-7085-1

Ⅰ.人… Ⅱ.孙… Ⅲ.① 个人–形象–设计–高等职业教育–教材 ② 发型–设计–高等职业教育–教材
Ⅳ.① B834.3　② TS974.21

中国版本图书馆 CIP 数据核字(2011)第 090775 号

人物形象设计——发型篇
Renwu Xingxiang Sheji——Faxingpian

孙　甜　主编

策划编辑：曾　光　彭中军
责任编辑：沈婷婷
封面设计：龙文装帧
责任校对：朱　玢
责任监印：张正林
出版发行：华中科技大学出版社(中国·武汉)
　　　　　武昌喻家山　邮编：430074　电话：(027)81321913
录　　排：武汉正风天下文化发展有限公司
印　　刷：武汉科源印刷设计有限公司
开　　本：880 mm×1230 mm　1/16
印　　张：2.75
字　　数：88千字
版　　次：2022年3月第1版第4次印刷
定　　价：19.00元

本书若有印装质量问题，请向出版社营销中心调换
全国免费服务热线：400-6679-118　竭诚为您服务
版权所有　侵权必究

国家示范性高等职业院校艺术设计专业精品教材
高职高专艺术设计类"十二五"规划教材
基于高职高专艺术设计传媒大类课程教学与教材开发的研究成果实践教材

编审委员会名单

■ 顾　问　（排名不分先后）

王国川　教育部高职高专教指委协联办主任
夏万爽　教育部高等学校高职高专艺术设计类专业教学指导委员会委员
江绍雄　教育部高等学校高职高专艺术设计类专业教学指导委员会委员
陈　希　教育部高等学校高职高专艺术设计类专业教学指导委员会委员
陈文龙　教育部高等学校高职高专艺术设计类专业教学指导委员会委员
彭　亮　教育部高等学校高职高专艺术设计类专业教学指导委员会委员

■ 总　序

姜大源　教育部职业技术教育中心研究所学术委员会秘书长
　　　　《中国职业技术教育》杂志主编
　　　　中国职业技术教育学会理事、教学工作委员会副主任、职教课程理论与开发研究会主任

■ 编审委员会　（排名不分先后）

万良保	吴　帆	黄立元	陈艳麒	许兴国	肖新华	杨志红	李胜林	裴　兵	张　程	吴　琰
葛玉珍	任雪玲	黄　达	殷　辛	廖运升	王　茜	廖婉华	张容容	张震甫	薛保华	余戡平
陈锦忠	张晓红	马金萍	乔艺峰	丁春娟	蒋尚文	龙　英	吴玉红	岳金莲	瞿思思	肖楚才
刘小艳	郝灵生	郑伟方	李翠玉	覃京燕	朱圳基	石晓岚	赵　璐	洪易娜	李　华	杨艳芳
李　璇	郑蓉蓉	梁　茜	邱　萌	李茂虎	潘春利	张歆旎	黄　亮	翁蕾蕾	刘雪花	朱岱力
熊　莎	欧阳丹	钱丹丹	高倬君	姜金泽	徐　斌	王兆熊	鲁　娟	余思慧	袁丽萍	盛国森
林　蛟	黄兵桥	肖友民	曾易平	白光泽	郭新宇	刘素平	李　征	许　磊	万晓梅	侯利阳
王　宏	秦红兰	胡　信	王唯茵	唐晓辉	刘媛媛	马丽芳	张远珑	李松励	金秋月	冯越峰
李琳琳	董　雪	王双科	潘　静	张成子	张丹丹	李　琰	胡成明	黄海宏	郑灵燕	杨　平
陈杨飞	王汝恒	李锦林	矫荣波	邓学峰	吴天中	邵爱民	王　慧	余　辉	杜　伟	王　佳
税明丽	陈　超	吴金柱	陈崇刚	杨　超	李　楠	陈春花	罗时武	武建林	刘　晔	陈旭彤
乔　璐	管学理	权凌枫	张　勇	冷先平	任康丽	严昶新	孙晓明	戚　彬	许增健	余学伟
陈绪春	姚　鹏	王翠萍	李　琳	刘　君	孙建军	孟祥云	徐　勤	李　兰	桂元龙	江敬艳
刘兴邦	陈峥强	朱　琴	王海燕	熊　勇	孙秀春	姚志奇	袁　铀	杨淑珍	李迎丹	黄　彦
谢　岚	肖机灵	韩云霞	刘　卷	刘　洪	董　萍	赵家富	常丽群	刘永福	姜淑媛	郑　楠
张春燕	史树秋	陈　杰	牛晓鹏	谷　莉	刘金刚	汲晓辉	刘利志	高　昕	刘　璞	杨晓飞
高　卿	陈志勤	江广城	钱明学	于　娜						

国家示范性高等职业院校艺术设计专业精品教材
高职高专艺术设计类"十二五"规划教材
基于高职高专艺术设计传媒大类课程教学与教材开发的研究成果实践教材

组编院校(排名不分先后)

广州番禺职业技术学院	湖南大众传媒职业技术学院	天津轻工职业技术学院
深圳职业技术学院	黄冈职业技术学院	重庆城市管理职业学院
天津职业大学	无锡商业职业技术学院	顺德职业技术学院
广西机电职业技术学院	南宁职业技术学院	武汉职业技术学院
常州轻工职业技术学院	广西建设职业技术学院	黑龙江建筑职业技术学院
邢台职业技术学院	江汉艺术职业学院	乌鲁木齐职业大学
长江职业学院	淄博职业学院	黑龙江省艺术设计协会
上海工艺美术职业学院	温州职业技术学院	华中科技大学
山东科技职业学院	邯郸职业技术学院	湖南中医药大学
随州职业技术学院	湖南女子学院	广西大学农学院
大连艺术职业学院	广东文艺职业学院	山东理工大学
潍坊职业学院	宁波职业技术学院	湖北工业大学
广州城市职业学院	潮汕职业技术学院	重庆三峡学院美术学院
武汉商业服务学院	四川建筑职业技术学院	湖北经济学院
甘肃林业职业技术学院	海口经济学院	内蒙古农业大学
湖南科技职业学院	威海职业学院	重庆工商大学设计艺术学院
鄂州职业大学	襄樊职业技术学院	石家庄学院
武汉交通职业学院	武汉工业职业技术学院	河北科技大学理工学院
石家庄东方美术职业学院	南通纺织职业技术学院	江南大学
漳州职业技术学院	四川国际标榜职业学院	北京科技大学
广东岭南职业技术学院	陕西服装艺术职业学院	襄樊学院
石家庄科技工程职业学院	湖北生态工程职业技术学院	南阳理工学院
湖北生物科技职业学院	重庆工商职业学院	广西职业技术学院
重庆航天职业技术学院	重庆工贸职业技术学院	三峡电力职业学院
江苏信息职业技术学院	宁夏职业技术学院	唐山学院
湖南工业职业技术学院	无锡工艺职业技术学院	苏州经贸职业技术学院
无锡南洋职业技术学院	云南经济管理职业学院	唐山工业职业技术学院
武汉软件工程职业学院	内蒙古商贸职业学院	广东纺织职业技术学院
湖南民族职业学院	十堰职业技术学院	昆明冶金高等专科学校
湖南环境生物职业技术学院	青岛职业学院	江西财经大学
长春职业技术学院	湖北交通职业技术学院	天津财经大学珠江学院
石家庄职业技术学院	绵阳职业技术学院	广东科技贸易职业学院
河北工业职业技术学院	湖北职业技术学院	北京镇德职业学院
广东建设职业技术学院	浙江同济科技职业学院	广东轻工职业技术学院
辽宁经济职业技术学院	沈阳市于洪区职业教育中心	辽宁装备制造职业技术学院
武昌理工学院	安徽现代信息工程职业学院	湖北城市建设职业技术学院
武汉城市职业学院	武汉民政职业学院	黑龙江林业职业技术学院

总序

世界职业教育发展的经验和我国职业教育发展的历程都表明，职业教育是提高国家核心竞争力的要素。职业教育的这一重要作用，主要体现在两个方面。其一，职业教育承载着满足社会需求的重任，是培养为社会直接创造价值的高素质劳动者和专门人才的教育。职业教育既是经济发展的需要，又是促进就业的需要。其二，职业教育还承载着满足个性发展需求的重任，是促进青少年成才的教育。因此，职业教育既是保证教育公平的需要，又是教育协调发展的需要。

这意味着，职业教育不仅有自己的特定目标——满足社会经济发展的人才需求，以及与之相关的就业需求，而且有自己的特殊规律——促进不同智力群体的个性发展，以及与之相关的智力开发。

长期以来，由于我们对职业教育作为一种类型教育的规律缺乏深刻的认识，加之学校职业教育又占据绝对主体地位，因此职业教育与经济、与企业联系不紧，导致职业教育的办学未能冲破"供给驱动"的束缚；由于与职业实践结合不紧密，职业教育的教学也未能跳出学科体系的框架，所培养的职业人才，其职业技能的"专"、"深"不够，工作能力不强，与行业、企业的实际需求及我国经济发展的需要相距甚远。实际上，这也不利于个人通过职业这个载体实现自身所应有的职业生涯的发展。

因此，要遵循职业教育的规律，强调校企合作、工学结合，"在做中学"，"在学中做"，就必须进行教学改革。职业教育教学应遵循"行动导向"的教学原则，强调"为了行动而学习"、"通过行动来学习"和"行动就是学习"的教育理念，让学生在由实践情境构成的、以过程逻辑为中心的行动体系中获取过程性知识，去解决"怎么做"（经验）和"怎么做更好"（策略）的问题，而不是在由专业学科构成的、以架构逻辑为中心的学科体系中去追求陈述性知识，只解决"是什么"（事实、概念等）和"为什么"（原理、规律等）的问题。由此，作为教学改革核心的课程，就成为职业教育教学改革成功与否的关键。

当前，在学习和借鉴国内外职业教育课程改革成功经验的基础上，工作过程导向的课程开发思想已逐渐为职业教育战线所认同。所谓工作过程，是"在企业里为完成一件工作任务并获得工作成果而进行的一个完整的工作程序"，是一个综合的、时刻处于运动状态但结构相对固定的系统。与之相关的工作过程知识，是情境化的职业经验知识与普适化的系统科学知识的交集，它"不是关于单个事务和重复性质工作的知识，而是在企业内部关系中将不同的子工作予以连接的知识"。以工作过程逻辑展开的课程开发，其内容编排以典型职业工作任务及实际的职业工作过程为参照系，按照完整行动所特有的"资讯、决策、计划、实施、检查、评价"结构，实现学科体系的解构与行动体系的重构，实现于变化的、具体的工作过程之中获取不变的思维过程和完整的工作训练，实现实体性技术、规范性技术通过过程性技术的物化。

近年来，教育部在高等职业教育领域组织了我国职业教育史上最大的职业教育师资培训项目——中德职教师资培训项目和国家级骨干师资培训项目。这些骨干教师通过学习、了解，接受先进的教学理念和教学模式，结合中国的国情，开发了更适合中国国情、更具有中国特色的职业教育课程模式。

华中科技大学出版社结合我国正在探索的职业教育课程改革，邀请我国职业教育领域的专家、企业技术专家和企业人力资源专家，特别是国家示范校、接受过中德职教师资培训或国家级骨干教师培训的高职院校的骨干教师，为支持、推动这一课程开发应用于教学实践，进行了有意义的探索——相关教材的编写。

华中科技大学出版社的这一探索，有两个特点。

第一，课程设置针对专业所对应的职业领域，邀请相关企业的技术骨干、人力资源管理者及行业著名专家和院校骨干教师，通过访谈、问卷和研讨，提出职业工作岗位对技能型人才在技能、知识和素质方面的要求，结合目前中国高职教育的现状，共同分析、讨论课程设置存在的问题，通过科学合理的调整、增删，确定课程门类及其教学内容。

第二，教学模式针对高职教育对象的特点，积极探讨提高教学质量的有效途径，根据工作过程导向课程开发的实践，引入能够激发学习兴趣、贴近职业实践的工作任务，将项目教学作为提高教学质量、培养学生能力的主要教学方法，把适度够用的理论知识按照工作过程来梳理、编排，以促进符合职业教育规律的、新的教学模式的建立。

在此基础上，华中科技大学出版社组织出版了这套规划教材。我始终欣喜地关注着这套教材的规划、组织和编写。华中科技大学出版社敢于探索、积极创新的精神，应该大力提倡。我很乐意将这套教材介绍给读者，衷心希望这套教材能在相关课程的教学中发挥积极作用，并得到读者的青睐。我也相信，这套教材在使用的过程中，通过教学实践的检验和实际问题的解决，不断得到改进、完善和提高。我希望，华中科技大学出版社能继续发扬探索、研究的作风，在建立具有中国特色的高等职业教育的课程体系的改革之中，作出更大的贡献。

是为序。

教育部职业技术教育中心研究所
学术委员会秘书长
《中国职业技术教育》杂志主编
中国职业技术教育学会理事、
教学工作委员会副主任、
职教课程理论与开发研究会主任
姜大源 教授
2010 年 6 月 6 日

前言 QIANYAN

RENWU XINGXIANG SHEJI——FAXINGPIAN

  头发是人体的重要组成部分，除了具有特有的生理功能外，它对人的外在形象也起着重要的修饰作用，没有人可以摆脱发型对于形象的影响。虽然发型变化无穷，但是只要掌握基本的规律与技巧，就能创造出更多、更新、更美的发型。希望读者可以在发型的变化和创造中得到美的享受。

  发型在人类生活中有着举足轻重的地位。现代生活中，发型已不仅仅是人类出于劳动、生活及社交礼仪等方面的需要而将头发梳理成各类需要的某种样式了，现代发型样式体现了人们不同的个性和不同的审美标准。发型融于人的整体形象之中，并不是独立存在的，它与人的活动目的、环境等信息相关。发型集实用性与审美性于一体，能够塑造出千姿百态的形象，它所展示的风格能表达人物的心灵物语。

  历史孕育了中国民间的美发艺术。多年来，全国各地涌现出了许多民间的优秀美发师。他们针对中国人体特征、发质和审美意识，塑造了当地人们认可的、各具特色的代表性形象和表现技巧。进入新世纪后，美发艺术的发展与国际接轨，更加丰富多彩。

  本书由天津职业大学艺术工程学院人物形象设计专业教研室主任孙甜主编并统稿，天津职业大学教师王琳、国际职业化妆师协会（IPCA）中国秘书处执行会长李涛言担任副主编。本教材模块二专业知识词库对照版块中的"毛发基础知识词库"部分由天津职业大学于泓淼编写，"盘发工具词库"由天津市盛氏中韩彩妆造型学校盛阳编写，"发型与搭配词库"由天津职业大学杨乐编写。

  参加编写工作的单位有天津市盛氏中韩彩妆造型学校、天津市胜美制衣有限公司和天津市SEEDA私人形象工作室、国际职业化妆师协会（中国区分会），在此谨表感谢。

编 者

2011年8月

目录 MULU

RENWU XINGXIANG SHEJI——FAXINGPIAN

模块一　情境实际操作版块——范本发型 12 例 ……………………………………… (1)

　　情境一　时尚马尾造型 ……………………………………………………………… (3)
　　　　项目 1　普通马尾造型 …………………………………………………………… (3)
　　　　项目 2　法式马尾造型 …………………………………………………………… (5)
　　　　作业与习题 ………………………………………………………………………… (6)

　　情境二　帅气蓬松造型 ……………………………………………………………… (7)
　　　　项目 1　日常蓬松发型 …………………………………………………………… (7)
　　　　项目 2　T 台常用发型 …………………………………………………………… (8)
　　　　作业与习题 ………………………………………………………………………… (9)

　　情境三　卷筒技法造型 …………………………………………………………… (10)
　　　　项目 1　赫本发包 ………………………………………………………………… (10)
　　　　项目 2　层次卷花包发型 ………………………………………………………… (12)
　　　　作业与习题 ………………………………………………………………………… (13)

　　情境四　包发造型 ………………………………………………………………… (13)
　　　　项目 1　经典单包造型 …………………………………………………………… (13)
　　　　项目 2　时尚包包丸造型 ………………………………………………………… (15)
　　　　作业与习题 ………………………………………………………………………… (16)

　　情境五　HipHop 造型 …………………………………………………………… (17)
　　　　项目 1　HipHop 发辫造型 ……………………………………………………… (17)
　　　　项目 2　拧绳技法造型 …………………………………………………………… (18)
　　　　作业与习题 ………………………………………………………………………… (19)

情境六　优雅气质造型……………………………………………………………(20)
　　项目1　韩式编盘发型………………………………………………………(20)
　　项目2　制作手推波纹………………………………………………………(21)
　　作业与习题……………………………………………………………………(22)

模块二　专业知识词库对照版块…………………………………………………(23)

一、毛发基础知识词库……………………………………………………………(25)
二、盘发工具词库…………………………………………………………………(26)
三、发型与搭配词库………………………………………………………………(29)

参考文献……………………………………………………………………………(34)

模块一
情境实际操作版块
——范本发型 12 例

RENWU XINGXIANG
SHEJI
FAXINGPIAN

情境一

时尚马尾造型 ‹‹‹

项目1　普通马尾造型　　ONE

■ 操作准备 ■

准备工具：公仔头、尖尾梳、啫喱膏、橡皮筋、黑发卡。

■ 操作目的 ■

学习马尾发型的基本扎法。

■ 操作训练 ■

（1）观察发型的成品效果图（见图1-1），思考此款发型的制作方法。

图1-1　普通马尾成品效果图

（2）扎马尾的步骤如下。

①将全部头发梳顺后，收归至手中抓牢（见图1-2）。

②准备一个黑发卡和一根橡皮筋，将橡皮筋套进黑发卡中备用（见图1-3）。

③将橡皮筋套在手指上（见图1-4），黑发卡甩在一端准备缠绕马尾时使用。

④另一只手拿住黑发卡沿逆时针方向，绕马尾一周后从皮筋套中穿过备用（见图1-5）。

⑤黑发卡沿顺时针方向缠绕马尾，可以缠绕多圈直至皮筋捆牢头发，橡皮筋的拉力变得很大时，停止缠绕（见图1-6）。

⑥将黑发卡全部插进马尾的根部，以从外表看不到为宜，扎马尾任务完成（见图1-7）。

图1-2　扎马尾步骤①

图1-3　扎马尾步骤②

图1-4　扎马尾步骤③

图1-5　扎马尾步骤④

图1-6　扎马尾步骤⑤

图1-7　扎马尾步骤⑥

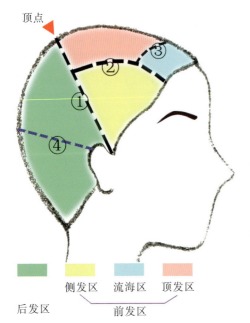
图1-8　头部分区

知识点1：马尾的分类

马尾按高度可分为高马尾、中马尾和低马尾3种。高马尾给人另类、时尚、活泼的感觉；中马尾显得平和、自然、轻松；低马尾显得稳重、端庄、优雅。

知识点2：头发的分区

人的头部是个椭圆形的类球体，做发型时为了保证造型的美观，需要将其分区。所谓的分区就是将头部区域进行合理划分，从而使得发型更加完美。一般的分区方法如图1-8所示。头部的最高点叫做顶点，顶点与耳角的连线（见图1-8虚线①）将头发分为前、后两个发区。前发区又可细分（见图1-8虚线②、③）为侧发区、顶发区和流海区。其中虚线②是从人的眉峰竖直向上引出的线，与虚线①相交。虚线③是从虚线②的前三分之一处平行引开的线。虚线④是后发区的平分线，这条线主要是界定马尾高度的参考线。也就是说，扎在虚线①之上的马尾是高马尾，介于虚线①和虚线④之间的是中马尾，虚线④下面的是低马尾。

项目2　法式马尾造型

操作准备

准备工具：公仔头、尖尾梳、啫喱膏、橡皮筋、黑发卡。

操作目的

学习法式马尾的制作及缠发根的方法。

操作训练

（1）观察发型的成品效果图（见图1-9），思考此发型与普通马尾的区别。

图1-9　法式马尾效果图

（2）扎法式马尾的步骤如下。

① 首先将头发分为前后两个发区，备用（见图1-10）。

② 将后发区的头发扎成中马尾。前发区的头发靠近发根的地方要稍微打毛垫高，注意前发区表面的头发要光滑，不能打毛（见图1-11）。

③ 前发区头发弄好后合扣到下面的中马尾上，用橡皮筋固定。为了美观，应不让橡皮筋外露，这可用缠发根的方法将发根裹住。完成（见图1-12）。

图1-10　分区

图1-11　扎马尾、打毛

图1-12　合扣、缠发根

知识点 1：什么是法式马尾？法式马尾与普通马尾有什么不同？

法式马尾是源于法国时装界的一种马尾造型。它与普通马尾的不同在于法式马尾的顶发区较高，有立体感，比紧而贴的普通马尾更具表现力、活力和时尚感。所以很多服装模特的马尾造型都选择法式马尾，在T台上更有张力，如图1-13所示为普通马尾与法式马尾的对比图。

(a) 通普马尾　　　　　　　　　　　　　　　(b) 法式马尾

图 1-13　普通马尾与法式马尾对比图

知识点 2：什么是缠发根？

缠发根是用一绺头发包裹住束发用的固定物，从而防止因固定物外露造成的发型不美观的技法。方法如图1-14所示，从发束根部挑一绺头发，用这绺头发缠住橡皮筋后再用黑发卡插进，固定于发根即可。

图 1-14　缠发根

 作业与习题

课后作业 1：操作题

参看图1-15，设计操作步骤，并用公仔头完成图示发型。

课后作业 2：实际操作题

两人一组，以真人为模特，为其制作一款缠发根的法式马尾。

图 1-15　课后作业1图

情境二　帅气蓬松造型

项目1　日常蓬松发型　ONE

操作准备

准备工具：公仔头、尖尾梳、干发胶、啫喱膏、电卷棒。

操作目的

学习蓬松造型的几种技法。

操作训练

(1) 观察发型效果图（见图1-16），思考此发型与类似发型的区别。

(2) 用电卷棒电烫头发（见图1-17）。

(3) 将电卷后的头发进行局部打毛处理。打毛的两种方法是平倒梳与挑倒梳，局部打毛的两种方法如图1-18所示。

图1-16　蓬松发型效果图

图1-17　电卷棒电烫头发

(a) 平倒梳

(b) 挑倒梳

图1-18　局部打毛

知识点 1：什么是倒梳？什么是打毛？

倒梳就是打毛。倒梳，顾名思义，是指逆着头发生长的方向进行梳理，头发会纠结成团，起到毛乱的外观效果。一般情况下倒梳分为平倒梳和挑倒梳两种：平倒梳是梳子全部穿过发片逆向梳理，有垫发的作用；挑倒梳是梳子只穿过发片的一半进行打毛，可以起到连接乱发及加厚头发的作用（见图 1-19）。

知识点 2：怎样使用电卷棒？

电卷棒是辅助卷发的工具。单纯电卷后的发卷可以维持一定的时间，但是一经水洗又会恢复成原来的效果。市场上的电卷棒种类很多，一般以陶瓷板材的为主，有号型之分，号型越大表示卷棒的直径越大。卷发有水卷和弹卷两种，制作方法如图 1-20 所示。

(a) 平倒梳效果

(b) 挑倒梳效果

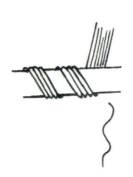
(a) 水卷制作与效果

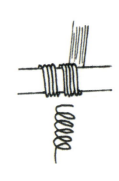
(b) 弹卷制作与效果

图 1-19　平倒梳及挑倒梳效果　　　　　　　　　图 1-20　水卷与弹卷

项目 2　T 台常用发型　　TWO

■ **操作准备**

准备工具：公仔头、尖尾梳、干发胶、啫喱膏、电卷棒、橡皮筋、黑发卡。

■ **操作目的**

掌握 T 台常用发型的设计技法。

■ **操作训练**

(1) 观察发型效果图（见图 1-21），思考此发型的制作步骤。

(2) 制作 T 台造型的步骤如下。

① 将模特的头发全部电卷成弹卷（见图 1-22）。

图 1-21　T 台发型效果图

图 1-22　电卷

② 将两鬓和脖颈后面的头发向顶发区归拢，用黑发卡固定住这些头发。最终是所有卷发都集中到顶发区，流海区先保持不动（见图1-23）。

③ 将所有的头发打毛（主要用平倒梳），尤其是发根部位要打毛充分。调整外形，完成（见图1-24）。

图1-23 归拢

图1-24 打毛

作业与习题

课后作业1：操作题

参看图1-25，设计操作步骤，并用公仔头完成图示发型。

课后作业2：操作题

参看图1-26，试着制作图示发型。

图1-25 用公仔头完成发型

图1-26 课后作业2图

情境三

卷筒技法造型

项目1　赫本发包　ONE

操作准备

准备工具：公仔头、尖尾梳、干发胶、啫喱膏、黑发卡、橡皮筋、S梳。

操作目的

学习赫本发包技法。

操作训练

（1）观察发型效果图（见图1-27），思考此发型的分区特点。

（2）制作赫本发包的步骤如下。

① 先扎成高马尾，然后将整个马尾按照直卷筒的做法做成大直卷筒（见图1-28）。

② 将直卷筒呈扇形充分展开。展开时要注意保持卷筒厚度一致，不要出现撕裂、镂空等（见图1-29）。

③ 将展好的卷筒两边扣住，用黑发卡将两边固定。要注意将黑发卡下在暗处（见图1-30）。

④ 调整表面的形状，喷干发胶定型，完成整个发型的制作（见图1-31）。

图1-27　赫本发包效果图

图1-28　大直卷筒

图1-29 展开呈扇形

图1-30 固定两边

图1-31 调整形状

知识点1：什么是直卷筒？怎么制作？

直卷筒是不用卷发工具，只用手和梳子制作的发卷。其制作方法如下。

① 取一束发片，用挑倒梳的方法将发片连接（见图1-32）。

② 在倒梳好的发片上，前后都喷上干发胶（见图1-33）。喷发胶时距离头发不要太近，以免出现水绺。

③ 发胶没干时，用食指和中指从下向上夹平发片。直至发胶干透，发片变硬为止（见图1-34）。

④ 以两只手的食指为轴，将头发缠绕在其中，从发梢向发根处滚动，使发片成卷筒（见图1-35）。

⑤ 将卷好的发卷在根部筒内用黑发卡固定，调整表面的匀整度，最后喷干发胶定型完成（见图1-36）。

图1-32 连接发片

图1-33 喷发胶

图1-34 夹平发片

图1-35 制成卷筒

图1-36 调整、完成

项目2　层次卷花包发型

操作准备

准备工具：公仔头、尖尾梳、干发胶、啫喱膏、黑发卡、橡皮筋、S梳。

操作目的

学习层次卷筒技法和层次卷花包头的制作。

操作训练

（1）观察发型效果图（见图1-37），思考此发型的制作方案。

（2）制作层次卷花包发型的步骤如下。

① 首先将所有头发在顶发区扎成高马尾，并缠发根（见图1-38）。

② 将这个马尾的发量平均分成5等分，每一份头发都用直卷筒的做法做卷（见图1-39）。

③ 将做好的直卷筒按图1-40进行调整，调成一大一小两个发环相呼应，这个造型就是层次卷。

④ 将5等分头发做成等大的层次卷，围绕发根呈放射状固定，就成了层次卷花包发型（见图1-41）。

图1-37　层次卷花包发型效果图

图1-38　扎马尾

图1-39　做卷

图1-40　做层次卷

图1-41　层次卷花包发型

作业与习题

课后作业：操作题

参看图1-42，试用公仔头完成图示发型。

图1-42 作业题图示

情境四

包 发 造 型

项目1 经典单包造型　　　　　　　　ONE

■操作准备■

准备工具：公仔头、尖尾梳、啫喱膏、橡皮筋、黑发卡、S梳、鸭嘴夹、干发胶。

■操作目的■

学习单包的操作技术。

■操作训练■

(1) 观察发型效果图（见图1-43），思考此发型的制作方法。

(2) 单包造型的制作步骤如下。

① 将头发分成前后两个区，前发区暂时用鸭嘴夹固定，备用。后发区平分为左

图1-43 单包造型效果图

右两半，每一半都用倒梳法打毛（见图1-44）。

② 将后发区左边的头发向右边归拢，并将左边头发的表面用包发梳梳光滑（注意不要把里面的打毛破坏了），在脖子中央处紧贴头皮下叉卡固定（见图1-45），叉卡的做法见本项目知识点1。

③ 下完叉卡后，将右边所有头发拧转成喇叭形（喇叭口朝上），用黑发卡固定于接缝的暗处（见图1-46）。

④ 喇叭造型做好后，将前发区的所有头发打毛，表面梳顺后向后方集中，并将发尾拧塞进喇叭口中固定（见图1-47）。

图1-44　分区、打毛

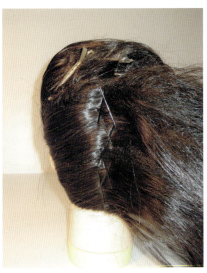

图1-45　归拢、固定

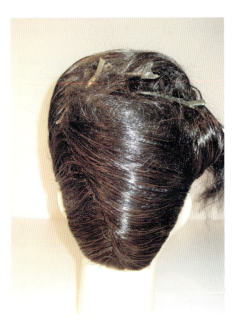

图1-46　做喇叭型

图1-47　打毛、固定发尾

⑤ 表面喷干发胶固定。完成此款造型（见图1-48）。

知识点1：什么是叉卡？怎么操作？

所谓叉卡就是将黑发卡成交叉状，一个压一个地卡住头发。这样做是为了增加黑发卡的固定力，防止因头发发量过多弹性太强而导致的黑发卡松脱，具体方法见图1-49。

知识点2：单包发型是怎么下暗卡的？

所谓暗卡就是把黑发卡下在不明显的地方，防止其影响美观。单包这款发型的喇叭造型的固定就是用下暗卡的方式完成的。如图1-50所示，在喇叭的

图1-48　完成造型

接缝处再靠里面点的位置下了很多的黑发卡。

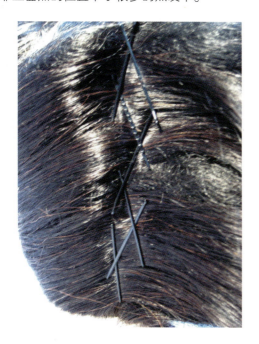

图 1-49 叉卡

图 1-50 暗卡

项目 2　时尚包包丸造型　　ONE

■ **操作准备**

准备工具：公仔头、尖尾梳、干发胶、橡皮筋、黑发卡。

■ **操作目的**

学习包包丸的操作技术。

■ **操作训练**

（1）观察发型效果图（见图 1-51），思考此发型的制作方法。

（2）制作包包丸发型的步骤如下。

① 将所有头发在顶发区扎成高马尾（见图 1-52）。

② 将马尾平分成上下两股（见图 1-53）。

图 1-51 时尚包包丸造型效果图

图 1-52 扎高马尾

图 1-53 平分马尾

③ 把两股头发分别按照图1-54所示方向，对称做挑倒梳。

④ 把两股打毛的头发合成一股，表面梳顺（见图1-55）。因为中间夹杂着挑倒梳的头发，所以现在的马尾比开始的马尾要粗壮。为盘丸子做准备。

⑤ 最后将粗发股盘绕成一个发球，发尾藏到发球下面，用黑发卡固定，喷发胶，完成这个发型。注意，如果丸子不够饱满，可以用尖尾梳的尖端插进发丸中做调整。（见图1-56）

图1-54　做挑倒梳　　　　　　图1-55　合成一股　　　　　　图1-56　绕发球、固定

知识点：做丸子为什么要把马尾加粗？

有很多发型做出的效果不够理想的原因就是塌、扁、平。这可能是由于发量不够或支撑力不够造成的。做丸子造型时把马尾用倒梳的方法加粗，就是为了防止做出的丸子不圆满。如果直接用原始的马尾拧盘，结果就不是丸子，而是疙瘩，造型比较死板。

 作业与习题

课后作业：操作题

操作题目要求：参看图1-57和图1-58，比较有什么不同，并试着制作图片所示发型。

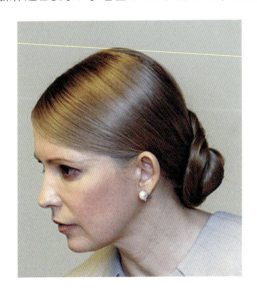 

图1-57　操作题图1　　　　　　　　　图1-58　操作题图2

情境五

HipHop 造型

项目 1　HipHop 发辫造型　　ONE

■ 操作准备 ■
准备工具：公仔头、尖尾梳、啫喱膏、黑发卡、干发胶。

■ 操作目的 ■
学习 HipHop 发辫的操作技术。

■ 操作训练 ■

（1）观察发型效果图（见图 1-59），思考此发型的主要技术手法。

（2）HipHop 发辫用到的主要手法就是三股辫续辫，三股辫续辫的制作步骤如下。

① 以三绺头发开始，按照一般麻花辫的编法向下进行（见图 1-60）。

② 与麻花辫一编到底不同的是，三股辫续辫要不断地从两边加入新的头发顺到辫子里（见图 1-61）。

③ 此处的三股辫续辫是按照正编的方法进行的，效果如图 1-62 所示。

④ 如图 1-63 所示的 HipHop 造型，使用的是三股辫续辫反编技法。

图 1-59　HipHop 发辫效果图

图 1-60　三股辫　　图 1-61　三股辫续辫方法

图 1-62　正编三股辫续辫效果图　　图 1-63　反编三股辫续辫效果图

知识点：什么是三股辫的正编、反编？

三股辫是最常用的造型技法，它是靠三股头发的彼此交叉、叠压而形成的，正编、反编只是叠压的方向不同。图 1-64 和图 1-65 分别演示的是正编、反编的具体操作技法。

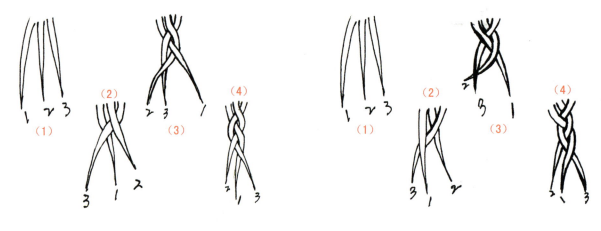

图 1-64　正编法　　　　　　　　　　　　　　图 1-65　反编法

项目 2　拧绳技法造型　　TWO

■ 操作准备

准备工具：公仔头、尖尾梳、啫喱膏、黑发卡、干发胶。

■ 操作目的

学习拧绳的操作技术。

■ 操作训练

（1）观察发型效果图（见图 1-66），思考此发型与 HipHop 发辫造型的区别。

（2）拧绳技法的步骤如下。

① 拧绳技法造型与 HipHop 造型很相似，主要区别在于此发型用拧绳技法取代了三股辫续辫技法。拧绳操作首先是取一股头发，按照直卷筒的方法先处理发片（见图 1-67）。

图 1-66　拧绳技法造型效果图　　　　　　　　图 1-67　处理发片

② 在发片未干时，以尖尾梳的尖尾为轴，将发片紧紧地绕裹在尖尾上（见图1-68）。

③ 将尖尾梳拔出，用黑发卡按图1-69所示的方向插进发股中。

④ 喷发胶，拧绳技法造型完成（见图1-70）。

图1-68　绕裹发片　　　　　图1-69　下黑发卡　　　　　图1-70　喷发胶完成造型

作业与习题

课后作业：操作题

操作题目要求：参看图1-71和图1-72，试着制作图片所示发型。

图1-71　操作题图1　　　　　图1-72　操作题图2

情境六

优雅气质造型 <<<

项目1　韩式编盘发型　　ONE

操作准备

准备工具：公仔头、尖尾梳、啫喱膏、橡皮筋、黑发卡、干发胶。

操作目的

学习韩式编盘发型技法。

操作训练

（1）观察发型的成品效果图（见图1-73），思考此款发型的制作方法。

（2）制作图1-73所示的韩式编盘发型的步骤如下。

① 先扎低马尾，并在脸的两侧分别留出两股头发备用（见图1-74）。

② 将两边预留的两股头发分别编成三股辫备用（见图1-75）。

③ 将低马尾按照包包丸的做法做成饱满的丸子（见图1-76）。

④ 将预留的发辫按图1-77所示，用黑发卡固定于丸子上，注意外表的美观，操作完成。此款发型的发辫用三股辫拉花效果更好。

图1-73　韩式编盘发型效果图

图1-74　扎马尾

图1-75　辫三股辫

图1-76　做丸子

图1-77　固定发辫

知识点：什么是三股辫拉花？

三股辫拉花是由三股辫演化而来的，是在编辫子的时候，有规律地分别从旁边拉出一绺发环，呈现的效果如图 1-78 所示。

（a）三股辫拉花　　　　　　　　（b）拉花流海造型

图 1-78　三股辫拉花

项目 2　制作手推波纹　　　　　　　　　　　　TWO

■ 操作准备 ■

准备工具：公仔头、尖尾梳、啫喱膏、鸭嘴夹、黑发卡、干发胶。

■ 操作目的 ■

学习手推波纹技法。

■ 操作训练 ■

（1）观察发型的成品效果图（见图 1-79），思考手推波纹的制作方法。

（2）制作手推波纹的步骤如下。

① 取流海区发片，注意发片不要太薄。发片用啫喱膏润湿，上表面保持光滑，下表面用挑倒梳技法打毛（见图 1-80）。

② 梳子垂直于发片，梳齿穿透发片，按照波纹的 S 形推或拉梳子，梳子带过的发片呈现波纹，用鸭嘴夹把每一波固定，直至发片做完（见图 1-81）。

图 1-79　手推波纹效果图　　　图 1-80　流海区发片　　　图 1-81　作 S 形

③ 鸭嘴夹不要急于拔掉，在发片未干时仔细喷一遍发胶定型，待发片干透后拆掉鸭嘴夹（见图 1-82）。

④ 鸭嘴夹拿掉后，头发的波纹因为发胶的缘故已经定型完成了，可以用黑发卡将其彻底固定在流海区，制作完成（见图 1-83）。

图 1-82 定型

图 1-83 固定、完成

 作业与习题

课后作业：操作题

参看图 1-84 和图 1-85，试着制作图片所示发型。

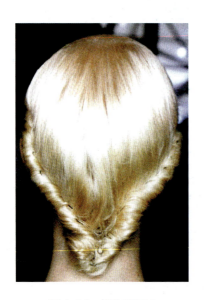

图 1-84 操作题图 1

图 1-85 操作题图 2

模块二
专业知识词库对照版块

RENWU XINGXIANG
SHEJI
FAXINGPIAN

一、毛发基础知识词库

（1）一般情况下，根据人体分泌状态及保养状态的差别，可将头发按发质分为中性发质、干性发质、油性发质和受损发质四种。

① 中性发质　这类发质为标准发质。发丝粗细适中，不软不硬，既不油腻也不干燥。头发有自然光泽；柔顺，易于梳理，可塑性强；梳理后不易变形，是很健康的头发。中性发质的优异性，使其适宜梳理成各种发型。

② 干性发质　干性发质的特点是皮脂分泌少，没有油腻感，头发表现为粗糙、僵硬、无弹性、暗淡无光，发干，发梢分裂或缠结成团，易断裂、分叉和折断，造型时难以驾驭。

干性发质通常是因为护发不当、皮肤碱化所致。像头垢过多，不适宜的烫发、染发、洗发等都可导致头发干枯。干性发质应该选择不需要进行热处理的发型，以避免高温、化学药剂对头发的伤害，否则头发会更加干枯。

③ 油性发质　油性发质即头皮皮脂腺分泌旺盛的头发。这种头发的特点是油脂多，易黏附污物，油亮发光，似搽油状；直径细小而脆弱，发丝平直且软弱；头皮屑多，需经常清洗等。虽然较多的皮脂可以保护头发，使其不易断裂，但细发所需头发皮脂覆盖的总面积较小，因此皮脂供过于求，头发常呈油性。此外，精神紧张或用脑过度也可导致头油过多。此类发质留长发会带来许多麻烦，因此宜选择短发或中长发。

④ 受损发质　受损发质主要是指由于染烫不当而造成的容易干枯、分叉、脆断、变色的头发，或因鳞状角质受损所导致的头发内层组织解体而容易死亡脱落的头发。对这种头发应该精心护理、保养，不宜经常烫发、染发、吹热风，因为高温和化学药剂会损伤头发的生理构造，从而加剧受损发质的恶化。受损发质应经常修剪，去除开叉的发梢，并用护发用品清洗、护理和保养头发，再配以养发食疗，使其逐渐改观。

（2）根据发丝的柔韧与健康状况，头发又可分为自然发、硬发、绵发、油发、沙发、自然卷发。

① 自然发　健康的发质，发丝柔和有弹性，软硬适中，含水量多，油分适中，易于造型，且造型持久。

② 硬发　粗硬色浓，量多稠密，含水量多，富有弹性，不易造型，且造型后不持久。

③ 绵发　细软色淡，量少稀疏，含水量多，弹性不足，像幼兽的绒毛，造型困难。

④ 油发　色泽饱满，柔韧光亮，油性较多，含水较少，弹性不稳定，不易造型。

⑤ 沙发　含水量少，缺少油质，干燥蓬松，染烫不宜。

⑥ 自然卷发　多为遗传所致，呈自然波纹，色泽光亮，弹性较强，造型相对容易，但需顺应其特点来设计造型。

（3）毛发的生理特性（见图2-1）　毛发是从毛囊中长出的，而毛囊和毛发又都是由毛球下部毛母质细胞分化而来。毛囊像个细长的口袋，开口于皮肤的表面，底部深入真皮及皮下脂肪层。毛囊由内而外又分为内、外毛根鞘和结缔组织鞘三层，内、外毛根鞘起源于表皮，结缔组织鞘起源于真皮。毛发露出皮肤表面的部分为毛干，处于毛囊内的部分为毛根。毛根下端

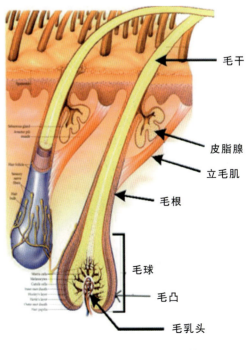

图2-1　毛发的生理特性

膨大如洋葱头，称毛球，毛球基底部向内凹陷为毛乳头。毛球下层与毛乳头相对的部分是毛母质，是毛发和毛囊的生长区，其中有黑素细胞。毛乳头内有丰富的血管和神经，以供毛发的营养和生长。

（4）头发的基本结构　头发是由表皮的角质形成细胞角化而成的特殊组织。从外表面上看，头发由毛干和发根组成，露出头皮的部分是毛干，在头皮下面的部分是毛根，它被包裹在毛囊内。

毛干和毛根是表皮向外生长的特殊部分，主要成分是角蛋白。毛干是露出头皮的部分，占整个头发重量的85%～90%；毛根位于头皮下，只占全头发重量的10%～15%。

毛干从外到内可分为三层。最外层的是表皮层，也称毛小皮，是毛干的保护层，主要抵御外界的物理、化学因素对头发的轻微损伤。它由6～10层长行鳞片状角质细胞重叠排列而成，游离缘指向发梢。这种鳞状物质越接近头皮的部分越光滑；相反，越远离头皮的部分越粗糙，越不规则，且受到外界不同程度的各种刺激后，边缘可轻度翘起或破裂。中间一层是皮质层，是头发最主要的部分，由成束角蛋白链沿着毛干的长轴分布。它决定了头发的弹性、强度和韧性。该层约占整个毛干的一半，在该层中还含有许多黑素颗粒。最内一层是髓质层，是头发的中心部分，被皮质层细胞所围绕，其间充满空气间隙，有一定的阻止外界过热的作用。

（5）头发的生长周期　正常人体的头发量为9万～14万根。头发生长周期分为生长期（约3年）、退行期（约3周）和休止期（约3个月）。有80%～90%的成熟头发处于生长期，生长速度每日为0.27～0.4 mm，持续生长约1000天，可长27～40 cm，10%～20%的头发处于停滞期，约3个月，这期间周期循环是动态平衡的。即10根处于生长期的头发总是紧挨着1根停滞期的头发，正常人每日可脱落70～100根头发，同时也有等量的头发再生。不同部位的毛发长短与生长周期长短不同有关。眉毛和睫毛的生长周期仅为2个月，故较短。毛发的生长受遗传、健康、营养和激素水平等多种因素的影响。

二、发型设计工具词库　　TWO

（1）黑发卡（见图2-2）　用来固定发丝，材质以韧性强劲的钢丝为宜。此类发卡断面有宽有窄，做发型时宜选用窄型的黑发卡，它便于隐藏又不会产生过大的压痕。

（2）U形发卡（见图2-3）　常用于盘发造型，专门用来固定较多、较高、较厚的头发和连接一些底部较蓬松的头发。与黑发卡相比，优点是不易松脱，发丝连接处自然随意。

（3）鸭嘴夹（见图2-4）　鸭嘴夹分为带齿鸭嘴夹和平面（无齿）鸭嘴夹。带齿鸭嘴夹常用于固定发区较多的

图2-2　黑发卡

图2-3　U形发卡

头发。平面（无齿）鸭嘴夹用于暂时固定发区、发片和辅助完成波纹造型等。

（4）尖尾梳，也称分针、削梳（见图2-5）　主要用于头发分区，挑取、梳理、刮平发片和倒梳头发等。

（5）大齿梳（见图2-6）　主要用来梳理大面积头发和制造明朗粗犷的线条纹理。

（6）排骨梳（见图2-7）　可以简单地梳理头发，使其洗吹的时候不打结。此外，梳齿上的小圆珠有按摩头皮的功效。

（7）滚梳（见图2-8）　专门在吹风造型时使用，如吹直发，卷刘海等，效果显著。材质需耐高温和防静电。

（8）包发梳，又称S梳（见图2-9）　主要用于梳理头发表面纹理，或倒梳后梳顺头发的表面，可以轻松梳通

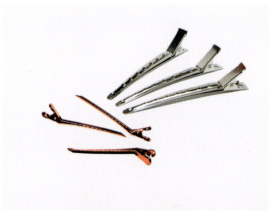

图2-4　鸭嘴夹

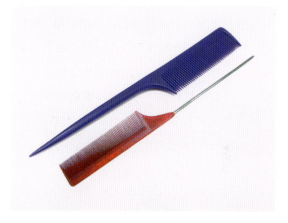

图2-5　尖尾梳

图2-6　大齿梳

图2-7　排骨梳

图2-8　滚梳

图2-9　包发梳

打结的头发。

（9）橡皮筋（见图2-10） 用于捆扎发束。材质需要弹性好、牢度强、耐老化。

（10）电卷棒（见图2-11） 主要用于制作卷发造型。卷棒部分的材质目前市场普遍采用陶瓷内芯和陶瓷面板，导热均匀，不伤头发。卷棒的型号按其发卷的粗细不同而有所区别，一般分为17号（小号）、22号（中号）、25号（大号）、32号（特大号）几种。

图2-10 橡皮筋

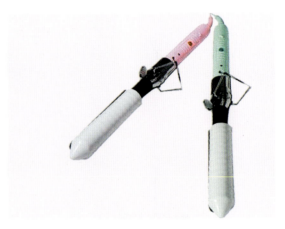

图2-11 电卷棒

（11）电夹板（见图2-12） 电夹板分为直发夹板，直、曲发两用夹板，以及特殊纹理夹板等几种；用于改变头发表面的纹理，增加造型的艺术性和设计感。加热部分材质目前也是以陶瓷板材为主。

（12）发胶（见图2-13） 用于固定头发，使头发连接在一起，持久保持发型。按照成分的区别，发胶一般分为干发胶和湿发胶两种。干发胶喷射后速干，易于快速定型。湿发胶则定型的同时饱含大量水分，能起到保湿润发的效果。

图2-12 电夹板

图2-13 发胶

（13）啫喱膏（见图2-14） 属快速造型产品，主要作用为保湿，有一定的护发功能，也可用于固定头发，使发丝顺滑。

（14）发蜡（见图2-15） 发蜡具有强力定型作用，一般用于短发或局部定型。用后可使发丝柔软、整齐、美观。发蜡与啫哩的区别在于它不会发硬，具有很强的支撑力，很有线条感，多用于男士发型的制作。

（15）练习头（公仔头）（见图2-16） 假发练习头，是练习美发的必备用具。它的好坏主要取决于发丝的材质。市场上常见的有全纤维头模、纤维与真发混合头模、全真发头模等，价钱也会因真发比例的多少而有所不同。购买练习头时一般都会附送一个简易支架，一头用于卡在桌子上，另一头则插进练习头底部以模拟真人脖颈的效果。

（16）吹风机（见图2-17） 是发型塑造的经典工具，它有着短时间内吹干头发及增加头发松厚感并确定形态的作用。吹风机经常配合不同的风嘴来辅助造型。风嘴有碗形散风型，吹风口开面很大，上面带着极疏的梳刺，这是用来吹发或烘干用的；有集风嘴型，呈扁形风口，风力集中。

图2-14　啫喱膏

图2-15　发蜡

图2-16　练习头

图2-17　吹风机

三、发型与搭配词库　　THREE

（一）发型的分类

1. 女式发型分类

（1）直发类　直发类发型指不经烫发，只经剪修而形成的发型。直发类发型基本上保持头发的自然生长状态，其造型特点是发丝自然流畅，悬垂感强，充满浪漫气息，尤其适合青年女性梳理，给人以纯真的美感。这种发型主要靠修剪梳理成形。直发类发型在头发的长短式样方面有较高的自由度，可形成短发式、超短发式、中长发式、束发等。

（2）卷发类　卷发类发型是指经过烫发梳理而形成的发型。卷发类发型的发丝卷曲柔和，变化较多。头发卷曲幅度有大有小。大卷高雅浪漫，小卷活泼。中年女性梳理更显成熟的魅力，卷发类发型可适用于短发、中长发或长发。

（3）盘发类　此发型可简可繁，适应面广，变化较大。分为生活型、晚宴型和新娘型。盘发类一般都保持头发的自然长度，适用于中长发和长发。另外，从盘发后的廓形特点又可以分为椭圆形（温柔、妩媚、端庄）、凹字形（活泼、可爱、青春、时尚）、高锥形（高贵、典雅、时尚）、放射形（时尚、青春、动感）、正三角形（古典、端庄、稳重）等。

（4）非主流类　除以上三种类型外，目前还流行一类发型，对它们的界定相对比较困难，所以我们统称为非主流发型，主要代表为爆炸型、凌乱型、颓废型、创意型等。

2. 男士发型分类

男士发型由于留发较短，所以变化不及女士多，但通过修剪、吹风梳理或烫发、梳理等，也能制作出多种多样美观大方、具有男性魅力的发型。男子的发型一般以长度为依据，分为短发型、中长发型、长发型、超长发型。

（1）短发型　留发较短，发式轮廓基线在鬓角处。

（2）中长发型　留发适中，发式轮廓基线在耳郭处。

（3）长发型　留发较长，发式轮廓线在颈部发际线处。

（4）超长发型　留发很长，发式轮廓线超过颈部发际线。

此外，男子发型若根据头发曲直形状来分，可以分为直发类、卷发类、直卷结合类；根据操作方法分为剪发类、烫发类、部分烫发类等。一般男士发型以留发长短来分较为适宜。

（二）发型与脸型

（1）椭圆脸型（见图2-18）　又称瓜子脸、鹅蛋脸，特征是额头饱满，下颚圆润尖细。此种脸型是中国传统概念中美人脸型，也是标准脸型，几乎适合所有的发型。

发型设计与脸型搭配方式：椭圆脸型是标准脸型，最完美的脸型，发型设计时自由度较高。

（2）圆脸型（见图2-19）　又称娃娃脸，其特征是脸型比较圆润，颊部比较丰满，脸的长度与宽度基本相同。此脸型给人温柔可爱的感觉，不显老，适合的发型较多；但是容易显胖，比较孩子气，不成熟，幼稚，给人

图2-18　椭圆脸型

图2-19　圆脸型

难以信任的感觉。

发型设计与脸型搭配方式（见图 2-20）：圆脸的修饰方式很简单，脸型两边的头发不能太短，最起码超过颊部，尽量长一些。齐刘海和斜刘海比较适合圆脸，但刘海不能短到眉毛以上，否则会显得脸更圆。秀发蓬松、长刘海都可以改变脸部轮廓的圆感，达到瘦脸的作用。

图 2-20　圆脸型发型设计与脸型搭配方式

（3）方脸型（见图 2-21）　又称国字脸型，其特征为脸型又宽又长，额头和两腮宽阔。方脸脸部的线条明显清晰，显得大气干练。但这种脸型的脸部线条比较硬朗，不美观，且脸型比较显大。

发型设计与脸型搭配方式（见图 2-22）：发型设计时，应该把秀发蓬松曲卷，脸两侧的头发最好遮住腮部，从而柔和脸部曲线，减少僵硬感，偏分的斜刘海，可很好地修饰脸型。

图 2-21　方脸型　　　　　　　　　　图 2-22　方脸型发型设计与脸型搭配方式

（4）三角形脸型　三角形脸分为 正三角形脸（见图 2-23）和倒三角形脸（见图 2-25）。正三角形脸的形状比较像鸭梨，额头窄，下颚较宽。倒三角形脸也称心形脸，额头宽，下颚窄，与正三角形脸相反。

发型设计与脸型搭配方式：正三角形脸额头必须要用刘海遮着，但可削薄，使额头隐约可见。腮部要用秀发来修饰，但切忌头发过于厚重（见图2-24）。

倒三角形脸，额头饱满可以露出，也可用刘海侧分修饰，下颚和腮部可多堆积头发来修饰，并可内卷，增加下颚的宽度（见图2-26）。

图2-23　正三角形脸　　　　　　　　图2-24　正三角形脸发型设计与脸型搭配方式

图2-25　倒三角形脸　　　　　　　　图2-26　倒三角形脸发型设计与脸型搭配方式

（5）长脸型（见图2-27）　特征是脸部长，五官大，下巴尖而长。此脸型较瘦，五官清晰，脸部线条柔和，显得成熟、稳重。但是易显老气，呆板。

发型设计与脸型搭配方式（见图2-28）：长脸的前额刘海可长一些，以收缩脸部的长度，脸边的秀发可蓬松打理层次，让脸型变小，更好地修饰脸型。打造发型时尽量避免把脸型全部露出。

图 2-27 长脸型

图 2-28 长脸型发型设计与脸型搭配方式

（6）菱形脸（见图 2-29） 也称钻石脸型，特点是颧骨高而突出，额头较窄，下巴尖而窄。此种脸型有清晰的线条，突出的颧骨，显得很独特，有性格。如果脸部线条修饰不得当，会显得僵硬、刚毅。

发型设计与脸型搭配方式（见图 2-30）：菱形脸比较适合长发，多层次的发型。突出的颧骨，是发型修饰的重点。要打理出蓬松凌乱的层次感，可以弱化因高颧骨而造成的刚毅感。

图 2-29 菱形脸

图 2-30 菱形脸发型设计与脸型搭配方式

CANKAO WENXIAN

RENWU XINGXIANG SHEJI——FAXINGPIAN

［1］林叶亭.幸福发美人［M］.上海：上海锦绣文章出版社，2008.

［2］赵艺峰.唯我风格［M］.沈阳：辽宁科学技术出版社，2005.

［3］马建华.发型改变形象［M］.北京：中国纺织出版社，2007.